FORSCHUNGSBERICHT DES LANDES NORDRHEIN-WESTFALEN

Nr. 2619/Fachgruppe Maschinenbau/Verfahrenstechnik

Herausgegeben im Auftrage des Ministerpräsidenten Heinz Kühn
vom Minister für Wissenschaft und Forschung Johannes Rau

Dr. rer. nat. Walther Neumann
Fachhochschule Hagen, Abteilung Iserlohn
Fachbereich Physikalische Technik

Zerstörungsfreie Werkstoffprüfung mittels holografischer Interferometrie

WESTDEUTSCHER VERLAG 1977

ISBN 978-3-531-02619-0   ISBN 978-3-322-87652-2 (eBook)
DOI 10.1007/978-3-322-87652-2

<u>Inhalt</u>

1. Einleitung

Das Prinzip der Holografie, d.h. der Speicherung und Wieder-
gabe von Informationen, die in kohärenten Wellenfeldern enthalten sind, wurde bereits 1948 von D. Gabor [1] beschrieben.
Etwa zwölf Jahre später führte die Entwicklung des Lasers zu
einer intensiven Forschungstätigkeit auf diesem Gebiet, aus
der sich zahlreiche wichtige Anwendungsmöglichkeiten ergaben
[2,3,4,5] . Hierzu gehört auch die zerstörungsfreie Werkstoffprüfung mittels holografischer Interferometrie [6] , ein Verfahren, das bereits jetzt in der Luft- und Raumfahrttechnik
[6,7,8] , in der Automobil- und Reifenindustrie [6,9] , sowie
im Strömungsmaschinenbau [6,10] verwendet wird.

Bei diesem Verfahren wird der Prüfkörper von einer kohärenten
Welle, im allgemeinen von einem aufgeweiteten Laserstrahl be-
leuchtet. Der vom Objekt reflektierte Anteil interferiert in
einer hochauflösenden Fotoschicht mit der sogenannten Referenzwelle, die keine Information über das Objekt enthält. In dem
hierbei entstehenden Interferenzmuster ist die vollständige
Amplituden- und Phasenverteilung des Objektwellenfeldes, d.h.
ein dreidimensionales naturgetreues Bild des Gegenstandes gespeichert.

Nach der Aufnahme dieses ersten Hologramms wird der Prüfkörper durch Änderung seiner Temperatur oder der an ihm an-
greifenden Kräfte um einige 10^{-4} - 10^{-3} mm verformt, wodurch
sich eine entsprechende Änderung der Objektwelle ergibt.

Die Überlagerung der beiden leicht unterschiedlichen kohärenten Objektwellen erzeugt ein Interferenzmuster, das Informationen über die Verformung des Prüfkörpers enthält. Sind Materialfehler vorhanden, so führen diese häufig zu einer
Störung der Interferenzgrundstruktur, beispielsweise zu auf-
fallenden Richtungsänderungen einzelner Interferenzlinien
oder zu kleineren Bereichen mit geschlossenen Interferenzstreifen.

Da zur Erzeugung aussagekräftiger Interferogramme Verfor-
mungen im Bereich der Wellenlänge des benutzten Laserlichtes
ausreichen, wird das Prüfobjekt, an dessen Form und Ober-
flächenbeschaffenheit keine besonderen Anforderungen gestellt
werden, im allgemeinen nur sehr wenig belastet. Aufgrund
dieser Eigenschaften stellt die holografische Interferometrie
eine technisch interessante Möglichkeit zur zerstörungsfreien
Werkstoffprüfung dar. Ein optimaler Einsatz dieses Verfahrens
kann allerdings erst erfolgen, wenn systematisch untersucht
wurde, in welcher Weise die holografische Fehlererfassung
durch den Aufbau und die Eigenschaften des Prüfkörpers, die
Art, Größe und Lage des Fehlers sowie die verschiedenen
Methoden der Objektverformung beeinflußt wird.

Einen Beitrag hierzu soll die vorliegende Arbeit leisten, die
sich mit der Wirksamkeit verschiedener Verfahren der Objektverformung bei der holografischen Prüfung von Verbundwerkstoffen sowie mit dem Einfluß von Inhomogenitäten auf das
holografisch erfaßte Schwingungsverhalten von Metallplatten
beschäftigt.

Bevor auf diese Untersuchungen näher eingegangen wird, soll
zunächst eine Zusammenfassung der wichtigsten theoretischen
Grundlagen der holografischen Interferometrie sowie eine
kurze Beschreibung des Versuchsaufbaus erfolgen.

2. Theoretische Grundlagen der Holografie

Die theoretischen Grundlagen der Holografie sind u.a. in
[6,11,12,13] ausführlich dargestellt. Im folgenden sollen
deshalb nur die wichtigsten Formeln und Ergebnisse kurz zu-
sammengefaßt werden.

Überlagert man auf einer hochauflösenden Fotoplatte - der
Hologrammplatte - zwei kohärente monochromatische Wellen,
die Objektwelle

$$U_O(\vec{r}) = A_O(\vec{r})\exp i[\phi_O(\vec{r}) + \omega t] \tag{1}$$

und die Referenzwelle

$$U_R(\vec{r}) = A_R(\vec{r})\exp i[\phi_R(\vec{r}) + \omega t] \tag{2}$$

dann ergibt sich für die resultierende Welle

$$U(\vec{r}) = U_O(\vec{r}) + U_R(\vec{r}) \tag{3}$$

die Intensität

$$\begin{aligned}
I &= U(\vec{r}) \cdot U^*(\vec{r}) \\
&= A_O^2 + A_R^2 + A_O A_R[\exp i(\phi_O - \phi_R) + \exp -i(\phi_O - \phi_R)]
\end{aligned} \tag{4}$$

Da die Schwärzung der Hologrammplatte von der Intensität der
auftreffenden Welle abhängt, hat man auf diese Weise Informationen über die Intensitäten und die relative Phase der
beiden Teilwellen gespeichert.

Bei der Rekonstruktion der Objektwelle wird die entwickelte
Hologrammplatte von einer Welle durchstrahlt, die ähnliche
geometrische und physikalische Eigenschaften wie die Referenzwelle besitzt. Hierbei erfolgt aufgrund der orts-
abhängigen Schwärzung der Hologrammplatte eine Amplituden-
modulation dieser Welle und man erhält unter gewissen
Voraussetzungen [6] eine Wiedergabewelle

$$U_W \sim U_R \cdot I \tag{5}$$

Durch Einsetzen der Gleichungen (2) und (4) in Gleichung (5)
erhält man:

$$U_W \sim (A_0^2 + A_R^2) A_R \exp i[\phi_R(\vec{r}) + \omega t] + A_0 A_R^2 \exp i[\phi_0(\vec{r}) + \omega t]$$

$$+ A_0 A_R^2 \exp i[-\phi_0(\vec{r}) + \omega t + 2\phi_R(\vec{r})] \tag{6}$$

Die drei Summanden in Gleichung (6) sind folgendermaßen zu
interpretieren:

$(A_0^2 + A_R^2) A_R \exp i[\phi_R(\vec{r}) + \omega t]$ entspricht der Referenzwelle und besitzt deshalb
keine bilderzeugenden
Eigenschaften

$A_0 A_R^2 \exp i[\phi_0(\vec{r}) + \omega t]$ stimmt bis auf den Faktor
A_R^2 mit der Objektwelle
überein und ergibt ein
virtuelles, dreidimen-
sionales, naturgetreues
Bild des Gegenstandes

$A_0 A_R^2 \exp i[-\phi_0(\vec{r}) + \omega t + 2\phi_R(\vec{r})]$ enthält ebenfalls alle
Informationen über die
Objektwelle und liefert
das "konjugierte" Bild
des Gegenstandes

Diese drei Wellen treten gleichzeitig auf. Um eine gegen-
seitige Störung zu vermeiden, ist deshalb eine gute räum-
liche Trennung erforderlich. Nach Leith und Upatnieks [14]
kann dies erreicht werden, indem man Objekt- und Referenzwelle aus unterschiedlichen Richtungen auf die Hologrammplatte einfallen läßt.

3. <u>Verfahren der holografischen Interferometrie</u>

Bei der zerstörungsfreien Werkstoffprüfung mittels holografischer Interferometrie werden hauptsächlich drei Verfahren benutzt. Es sind dies:

    - Das Doppelbelichtungsverfahren

    - Das Echtzeitverfahren

    .- Das Zeitmittelungsverfahren

Das Prinzip dieser Verfahren soll im folgenden kurz dargestellt werden. Für eine umfassende theoretische Behand-

lung der holografischen Interferometrie wird auf [6,13,15,16] verwiesen.

3.1 Das Doppelbelichtungsverfahren

Bei diesem Verfahren wird zunächst ein erstes Hologramm des Gegenstandes aufgenommen, wobei die Belichtung nach der Hälfte der sonst erforderlichen Zeit unterbrochen wird. Nach der Verformung des Objektes um einige Wellenlängen des benutzten Laserlichtes erfolgt eine zweite Belichtung der Hologrammplatte, auf der sich nun die beiden leicht unterschiedlichen Objektwellen und die Referenzwelle überlagern. Aufgrund der geringen Objektverformung kann für beide Objektwellen $U_{01}(\vec{r})$ und $U_{02}(\vec{r})$ Amplitudengleichheit angenommen werden, so daß

und gilt.

$$U_{01}(\vec{r}) = A_0 \exp i[\phi_{01}(\vec{r})+\omega t] \tag{7}$$

$$U_{02}(\vec{r}) = A_0 \exp i[\phi_{02}(\vec{r})+\omega t] \tag{8}$$

Hieraus ergibt sich eine Wiedergabewelle $U_W(\vec{r})$ die entsprechend der Angaben unter Abschnitt 2. einen zu $[U_{01}(\vec{r})+U_{02}(\vec{r})]$ proportionalen Term enthält, der zu einer Intensitätsverteilung

$$(U_{01}+U_{02})(U_{01}^*+U_{02}^*) = A_0^2[2+\exp i(\phi_{02}-\phi_{01})$$
$$+\exp -i(\phi_{02}-\phi_{01})]$$
$$= 4A_0^2 \cos^2\left[\frac{\phi_{02}-\phi_{01}}{2}\right] \tag{9}$$

führt.

Bezeichnet man mit

λ die Wellenlänge des Laserlichtes
$k=2\pi/\lambda$ die Wellenzahl
z die Verschiebung des betrachteten Objektpunktes
θ_1 den Winkel zwischen der Verschiebungsrichtung und der Richtung des einfallenden Lichtes
θ_2 den Winkel zwischen der Verschiebungsrichtung und der Beobachtungsrichtung

dann folgt für die Phasendifferenz $(\phi_{02}-\phi_{01})$:

$$(\phi_{02}-\phi_{01}) = k \cdot z(\cos\theta_1+\cos\theta_2) \tag{10}$$

Aus den Gleichungen (9) und (10) ergibt sich eine Bildintensität

$$I \sim 4A_0^2\cos^2\left[\frac{\pi z}{\lambda}(\cos\Theta_1+\cos\Theta_2)\right] \tag{11}$$

Dieser Ausdruck stellt das Interferenzmuster dar, das bei
der Anwendung des holografischen Doppelbelichtungs-
verfahrens entsteht und durch eine konstante Intensität in
den hellen Interferenzlinien gekennzeichnet ist.

Als Bedingung für die Punkte in den Intensitätsmaxima, d.h.
auf den hellen Interferenzlinien folgt aus Gleichung (11):

$$\frac{\pi z}{\lambda}(\cos\Theta_1+\cos\Theta_2) = n\pi \qquad \text{mit } n = 0, 1, 2, .. \tag{12}$$

Hieraus ergibt sich für die Verschiebung z:

$$z = \frac{n\lambda}{(\cos\Theta_1+\cos\Theta_2)} \tag{13}$$

3.2   Das Echtzeitverfahren

Wie beim Doppelbelichtungsverfahren wird auch beim Echtzeitverfahren zunächst ein erstes Hologramm des Gegenstandes aufgenommen. Dann wird die Hologrammplatte ent-
weder direkt im Plattenhalter entwickelt oder danach dort-
hin zurückgebracht. Rekonstruiert man nun die erste Objektwelle $U_{01}(\vec{r})$ bei gleichzeitiger Beleuchtung des leicht verformten Gegenstandes, dann interferiert die Welle $U_{01}(\vec{r})$
mit der vom Gegenstand reflektierten neuen Objektwelle
$U_{02}(\vec{r})$ und man erhält ein Interferenzmuster, das wieder
durch die Gleichungen von 3.1 beschrieben wird.

Die Besonderheit dieses Verfahrens besteht nun darin, daß
Objektverformungen, die während der Beobachtung auftreten,
zu Veränderungen der Interferenzfigur führen, die unmittelbar verfolgt werden können.

3.3   Das Zeitmittelungsverfahren

Beim Zeitmittelungsverfahren wird das Objekt zu Schwin-
gungen angeregt und holografiert, wobei im allgemeinen die
Belichtungszeit groß gegenüber der Schwingungsdauer ist.
Auf dem Hologramm interferieren dann nicht mehr zwei, son-
dern unendlich viele Objektwellen, die von den verschiedenen
Positionen des schwingenden Objektes reflektiert werden.

Unter gewissen Voraussetzungen [13] kann angenommen werden, daß die Wiedergabewelle U_W proportional zum Mittelwert der zeitabhängigen Objektwellen $U_0(\vec{r},t)$ über eine Schwingungsperiode T ist:

$$U_W \sim \frac{1}{T}\int_0^T U_0(\vec{r},t)\,dt = \frac{1}{T}\int_0^T \exp\, i\phi(\vec{r},t)\,dt \qquad (14)$$

Aufgrund der längeren Verweilzeit des schwingenden Objektes in den Positionen maximaler Auslenkung ergibt sich ein besonders großer Beitrag der beiden entsprechenden Objektwellen zur Wiedergabewelle. Es entsteht deshalb wieder ein Interferenzmuster, das allerdings - wie im folgenden noch näher erläutert wird - spezielle Eigenschaften besitzt.

Zur Berechnung von U_W nach Gleichung (14) wird

$$\phi(\vec{r},t) = kz(\vec{r},t)(\cos\Theta_1+\cos\Theta_2) \qquad (15)$$

gesetzt, wobei die Größen k, z, Θ_1 und Θ_2 die unter 3.1 angegebene Bedeutung haben. Setzt man außerdem voraus, daß eine harmonische Schwingung vorliegt, dann gilt für die Auslenkung $z(\vec{r},t)$ die Beziehung:

$$z(\vec{r},t) = z(\vec{r})\cos\omega t \qquad (16)$$

Hiermit folgt für die Wiedergabewelle U_W:

$$U_W \sim \frac{1}{T}\int_0^T \exp[\,i\;kz(\vec{r})\cos\omega t(\cos\Theta_1+\cos\Theta_2)]\,dt \qquad (17)$$

Die Berechnung dieses Integrals ergibt die Bessel-Funktion nullter Ordnung J_0 vom Argument $kz(\vec{r})(\cos\Theta_1+\cos\Theta_2)$, die zu einer Bildintensität

$$I_B \sim J_0^2[\,kz(\vec{r})(\cos\Theta_1+\cos\Theta_2)] \qquad (18)$$

führt. Bezeichnet man mit ϕ_n und $\overline{\phi}_n$ die Lage der n-ten Nullstelle bzw. des n-ten Maximums dieser Funktion J_0^2, dann stellen die Gleichungen

$$kz_n(\cos\Theta_1+\cos\Theta_2) = \phi_n \qquad (19)$$

und

$$kz_n(\cos\Theta_1+\cos\Theta_2) = \overline{\phi}_n \qquad (20)$$

die Bedingungen für den entsprechenden dunklen bzw. hellen

Interferenzstreifen dar.

Aus Gleichung (20) und dem auf Abbildung 1 skizzierten Verlauf der Funktion J_0^2 folgt, daß das Maximum der Bildintensität für $\overline{\phi}_1 = 0$ vorliegt. Die hierzu gehörende Auslenkung ist $z_1 = 0$, so daß die Knotenlinien die hellsten Bereiche der Interferenzfigur bilden. (Die Möglichkeit $\theta_1 = \theta_2 = \pi/2$, für die das Argument der Bessel-Funktion J_0^2 ebenfalls 0 wird, ist in experimenteller Hinsicht ohne Bedeutung.) Da $J_0^2(\overline{\phi}_n)$ mit wachsendem Wert von $\overline{\phi}_n$ kontinuierlich abnimmt, sinkt auch die Intensität in den hellen Interferenzstreifen mit wachsendem n und damit der Kontrast des Interferenzmusters. Im Vergleich zum Doppelbelichtungsverfahren sinkt deshalb die Zahl der auflösbaren Interferenzlinien, d.h. die erfaßbare Objektverformung. Diesem Nachteil, der durch stroboskopische Varianten des Verfahrens aufgehoben wird, stehen wichtige Vorteile gegenüber:

Das holografische Zeitmittelungsverfahren liefert berührungslos und mit der Genauigkeit der optischen Interferometrie in einer Aufnahme ein umfassendes Bild des schwingenden Objektes, wobei nicht nur die Lage der Knotenlinien, sondern auch die Amplitudenverteilung in den Antiknoten (Schwingungsbäuchen) bestimmt wird.

4. <u>Die Holografie-Anlage</u> und ihre <u>Anwendung</u>

Zur Durchführung der holografisch-interferometrischen Untersuchungen wurde eine Anlage aufgebaut, die auf Abb. 2 skizziert ist und im folgenden kurz beschrieben werden soll.

Als kohärente Lichtquelle wird ein Argon-Ionenlaser mit eingebautem Etalon benutzt, dessen intensivste Linie bei einer Wellenlänge von 514,5 nm eine Lichtintensität von ca. 500 mW liefert. Aus Stabilitätsgründen ist der Laser, ebenso wie die anderen optischen Komponenten auf einem schweren, schwingungsisolierten Experimentiertisch installiert. Der Laserstrahl wird durch eine Strahlumlenkeinheit in der gewünschten Höhe und Richtung einjustiert und durch einen Strahlteiler mit kontinuierlich einstellbarer Transmission in Objekt- und Referenzstrahl aufgeteilt. Zur Erzielung möglichst kontrastreicher Interferogramme [17] wurde mit dem Strahlteiler am Ort der Hologrammplatte stets ein Intensitätsverhältnis

$$1 \leqslant \frac{I_R}{I_0} \leqslant 3 \tag{21}$$

eingestellt. Hierbei bedeuten I_R und I_0 die Intensitäten

des Referenzstrahls bzw. des Objektstrahls. Durch Moden-
filter, die aus einem Mikroskopobjektiv und einer Loch-
blende bestehen, werden beide Strahlen zu Kugelwellen auf-
geweitet und von störenden Beugungsfiguren befreit, die von
Staubteilchen auf den optischen Komponenten herrühren und
die Qualität des Hologramms herabsetzen würden. Um den hierbei auftretenden Intensitätsverlust möglichst klein zu halten, ist es zweckmäßig, den Blendendurchmesser geringfügig
größer als den Durchmesser d des Beugungsscheibchens des
fokussierten Laserstrahls zu wählen. Zur Abschätzung von d
kann die Formel

$$d = 2,44\frac{\lambda \cdot f}{D} \tag{22}$$

benutzt werden, wobei λ die Wellenlänge des Laserlichts,
f die Brennweite des Mikroskopobjektivs und D den Durchmesser des unfokussierten Laserstrahls bedeuten.

Die beiden aufgeweiteten Wellen gelangen über das Objektiv
bzw. über Oberflächenspiegel zu einer Hologrammplatte Agfa
Scientia 10 E 56, die sich in einer justierbaren Halterung
befindet und je nach Größe und Reflexionsvermögen des Objektes zwischen 0,25 s und 4 s belichtet wird. Aus Kosten-
gründen werden Metallmasken benutzt, die nacheinander ver-
schiedene Bereiche der 9x12 cm großen Platte zur Belichtung
freigeben. Auf diese Weise können auf einer Platte sechs
Hologramme erzeugt werden. Die belichtete Hologrammplatte
wird wie folgt weiter verarbeitet:

Entwickeln: 4 - 5 min bei 20 $^{\circ}$C im Entwickler
              G3p der Firma Agfa-Gevaert

Fixieren: 4 min im Fixierbad G334 der Firma
              Agfa-Gevaert

Nach dem Wässern und Trocknen wird die Hologrammplatte zur
Erzeugung der Wiedergabewelle von der Referenzwelle allein
durchstrahlt. Es entsteht dann ein dreidimensionales virtuelles Bild des Gegenstandes, das fotografiert oder für holografische Echtzeit-Beobachtungen verwendet werden kann.

Bei der Aufnahme von Hologrammen und holografischen Interferogrammen mit einem kontinuierlich strahlenden Laser sind
einige Voraussetzungen zu erfüllen, die im folgenden kurz
aufgeführt werden sollen:

- Stabilität des optischen Aufbaus:

Während der Aufnahme des Hologramms müssen die optischen Weglängen beider Strahlen bis auf Bruchteile einer Wellenlänge
des Laserlichts konstant bleiben, sonst tritt eine Kontrast-
minderung des Interferenzmusters auf, die bis zu dessen
völligem Verschwinden führen kann.

- Kohärenz des Laserlichts:

Zur Erzielung kontrastreicher Interferogramme muß das Laserlicht räumlich und zeitlich kohärent sein. Bei einem Argon-Ionenlaser ist deshalb die Verwendung eines Etalons [18] erforderlich. Außerdem ist eine möglichst weitgehende Angleichung der Weglängen beider Wellen vorteilhaft.

- Anforderungen an das Prüfobjekt:

Auch das Prüfobjekt muß die angegebenen Stabilitätsbedingungen erfüllen und eine Ausdehnung besitzen, die aufgrund der vorhandenen Kohärenzlänge des Laserlichts zugelassen werden kann. Aus Intensitätsgründen sollte außerdem die Objektoberfläche möglichst hell und diffus reflektierend sein.

5. Möglichkeiten der holografischen zerstörungsfreien Prüfung von Verbundwerkstoffen

Die bereits vorliegenden experimentellen Ergebnisse [6,8,19] zeigen, daß die holografische zerstörungsfreie Werkstoffprüfung für Verbundwerkstoffe besonders geeignet ist.

Delaminationen, Risse, Klebefehler, Einschlüsse und Inhomogenitäten stellen Materialfehler dar, die unter der Einwirkung äußerer oder innerer Kräfte zu örtlich begrenzten Anomalien des Deformationsverhaltens der Oberfläche führen können und dann holografisch nachweisbar sind.

Die mit der holografischen Interferometrie erreichbare Fehlernachweisempfindlichkeit und -genauigkeit hängt allerdings nicht nur von der Art und der Lage des Fehlers ab. Sie wird außerdem von dem Verfahren zur Erzeugung der beiden notwendigen Verformungszustände des Prüfobjektes beeinflußt. Diese in der Literatur bisher kaum behandelte Abhängigkeit soll im folgenden an den experimentellen Ergebnissen diskutiert werden, die bei der holografischen Untersuchung einer Waben-Sandwichplatte mit verschiedenen Methoden der Verformung erhalten wurden.

Die untersuchte Sandwichplatte hat die Maße 200 x 200 x 15 mm. Sie besteht aus einem hexagonalen harzgetränkten Papier-Wabenkern mit aufgeklebten GFK-Deckschichten. Diese Plattenart gehört zu den sogenannten Kernverbunden, die als Leichtbau-Konstruktionselemente in der Luft- und Raumfahrttechnik sowie im Fahrzeug-, Boots- und Behälterbau zunehmend an Bedeutung gewinnen [20].

Zur holografischen Untersuchung der Testplatte, bei der am Rand eine Ablösung zwischen dem Wabenkern und der Deckschicht von ca. 8 cm^2 Fläche vorhanden war, wurden folgende Methoden der Objektverformung benutzt:

- Erwärmung der fehlerhaft verklebten vorderen Deckschicht

- Erwärmung der hinteren Deckschicht der Waben-Sandwichplatte

- Schwingungsanregung der gesamten Platte

- Schwingungsanregung des Fehlerbereichs allein

- Kriechverhalten nach Belastung durch eine aufgelegte Masse

- Druckbelastung

Die hierbei erhaltenen Ergebnisse sollen im folgenden dargestellt und verglichen werden.

5.1 Thermische Objektverformung

Bei diesem Verfahren nimmt man zunächst ein Bezugshologramm des Prüfkörpers in einem ersten Temperaturzustand auf und ändert dann geringfügig die Objekttemperatur. Hieraus resultiert eine gewisse thermische Verformung der Oberfläche, die aufgrund des unterschiedlichen Wärmeleitvermögens im Bereich des Fehlers und in der fehlerfreien Umgebung Anomalien aufweisen kann. Im Doppelbelichtungs- oder Echtzeitverfahren erhält man dann ein holografisches Interferogramm mit einem gestörten Verlauf der Interferenzlinien im Fehlerbereich. Voraussetzung hierfür ist allerdings ein nicht zu ungünstiges Verhältnis der Größe des Fehlers zu seinem Abstand von der Probenoberfläche.

Abb. 3 zeigt ein holografisches Doppelbelichtungsinterferogramm der Testplatte. Bei der Aufnahme des ersten Hologramms befand sich die Platte auf Zimmertemperatur. Dann wurde die Temperatur der vorderen fehlerhaft verklebten Deckschicht durch Warmluftzufuhr während 0,5 s geringfügig erhöht. Unmittelbar danach erfolgte die zweite Belichtung der Hologrammplatte. Aus der Überlagerung der beiden leicht unterschiedlichen Objektwellen ergab sich das auf Abb. 3 wiedergegebene Interferogramm.

Man erkennt ein Interferenzgrundmuster, das sich um den Bereich maximaler Wärmezufuhr ausgebildet hat und die thermische Aufwölbung der Platte wiedergibt, wobei im mittleren Bereich einzelne Waben deutlich sichtbar sind. In der Nähe der rechten oberen Plattenecke erscheint ein geschlossenes kleineres Interferenzstreifensystem, das sich dem ersten überlagert und durch eine wesentlich höhere Liniendichte gekennzeichnet ist. Die Ausdehnung dieses zweiten Interferenzmusters stimmt mit dem Bereich der Ablösung der Deckschicht von dem Wabenkern gut überein. Außerdem zeigt die hohe Interferenzliniendichte, d.h. die starke Aufwölbung in diesem Bereich, daß es sich um einen oberflächennahen Fehler handeln muß.

In einem weiteren thermischen Experiment erfolgte die Wärmezufuhr an der hinteren, der Objektwelle abgewandten Deckschicht der Testplatte. Der Wärmefluß mußte nun über den
1,5 cm starken Wabenkern zur fehlerhaft verklebten vorderen
Deckschicht verlaufen, so daß für eine thermische Verformung
des Fehlerbereichs eine geringfügige Erwärmung der gesamten
Platte erforderlich war. Dies bewirkte eine beträchtliche
Verlängerung der Aufheizzeit, die nun bei vergleichbaren
Interferenzliniendichten bei 2 s lag.

Abb. 4 zeigt das hieraus resultierende holografische Interferogramm, auf dem zunächst wieder ein Grundmuster zu erkennen ist, das die thermische Aufwölbung der Platte wiedergibt. Im Fehlerbereich weisen einige Interferenzlinien eine
deutliche Richtungsänderung auf. Außerdem erkennt man dort
einen dunklen Fleck, aus dem sich bei einer weiteren Objektverformung eine geschlossene Interferenzlinie ausbilden
könnte.

Dieses Erscheinungsbild stellt eine deutlich erkennbare Ano-
malie der allgemeinen Interferenzfigur dar, die eine einwand-
freie Fehlererkennung ermöglicht. Die Abschätzung der Größe
und der Form des Fehlers ist hier allerdings mit einer höheren Ungenauigkeit behaftet als bei dem auf Abb. 3 dargestellten Interferogramm.

5.2 Schwingungsanregung

Bei der holografischen Ermittlung von Fehlern in Verbundwerkstoffen mit dem Zeitmittelungsverfahren ergeben sich zwei
prinzipielle Möglichkeiten:

    a) Das ganze Prüfobjekt wird zu Schwingungen angeregt,
    wobei Materialfehler zu Verzerrungen der Schwingungs-
    figur führen können.

    b) Der abgelöste Bereich wird zu seiner Grund-
    schwingung angeregt, wodurch sich eventuell eine
    bessere Bestimmung der Größe und Lage des Fehlers
    ergibt.

Auf Abb. 5 ist ein holografisches Zeitmittelungs-Interferogramm wiedergegeben, das bei einer Schwingung der gesamten
Testplatte erhalten wurde. Die am Rand fest eingespannte
Platte wurde in diesem Fall durch einen Lautsprecher zu
ihrer Grundschwingung bei 810 Hz angeregt. Diese Grundschwingung ist durch parallel zum Rand verlaufende Knotenlinien und einen Antiknoten (Schwingungsbauch) in der Plattenmitte gekennzeichnet. Da zur Vermeidung dauerhafter Verfor-
mungen das Objekt nicht allzu fest eingespannt werden konnte,
sind die Knotenlinien nicht sehr deutlich ausgeprägt und
ziehen sich im oberen Bereich auch in den Rand hinein. Am
Ort des Fehlers zeigen einige Interferenzlinien einen gestörten Verlauf, so daß die Ablösung deutlich sichtbar wird.

Wie Abb. 6 zeigt, führt die Anregung höherer Schwingungsmoden der gesamten Platte nicht unbedingt zu einem besseren
Fehlernachweis. Man erkennt auf dem bei einer Frequenz von
2110 Hz erhaltenen Interferogramm eine Störung der durch den
Fehler verlaufenden Interferenzlinie, so daß auch hier der
vom Wabenkern abgelöste Deckschichtbereich eindeutig ermittelt wurde.

Da beim Übergang zu komplizierteren Schwingungsformen bei
konstanter Schwingungsamplitude auch die erforderliche An-
regungsenergie wächst, ergab sich die auf Abb. 6 festzu-
stellende relativ geringe Interferenzstreifendichte, die
auch die Fehlerauflösung beeinflußte. Aus diesem Grund war
es auch nicht möglich, weitere Schwingungsmoden der gesamten
Platte mit der erforderlichen Amplitude anzuregen.

Bei Verbundwerkstoffen mit Delaminationen oder Klebefehlern
ist neben der Schwingungsanregung des gesamten Prüfobjektes
auch eine Anregung des Fehlerbereichs allein möglich. Dieser
verhält sich dann wie eine kleine Membran und führt
Schwingungen bei einer Grundfrequenz f aus, die durch die
Formel

$$f = K\frac{d}{r^2} \tag{23}$$

gegeben ist. Hierbei ist K eine Materialkonstante, d die
Tiefe des Fehlers im Material und r der Radius der als
kreisförmig angenommenen Ablösung. Für f ergeben sich im
allgemeinen Werte im Bereich von einigen 10^4 Hz, die üblicherweise mit piezoelektrischen Schwingungserregern erzeugt werden.

Bei der gegebenen Testplatte lag die im Echtzeitverfahren
ermittelte Grundfrequenz des Fehlerbereichs bei 19500 Hz.
Das bei dieser Frequenz erhaltene holografische Zeitmittelungsinterferogramm zeigt Abb. 7. Größe und Form des Mate-
rialfehlers sind hier deutlich zu erkennen, wobei sich
auch sehr vorteilhaft auswirkt, daß in der Umgebung des
Fehlers keine Interferenzstreifen auftreten.

5.3 Ausnutzung des Kriechverhaltens

Ähnlich wie andere Kunststoff-Bauteile zeigen auch Kunst-
stoff-Wabenplatten ein zeitabhängiges Weiterverformen bei
Belastung. Diese als Kriechen bezeichnete Erscheinung
läuft nach dem Entfernen der Last in umgekehrter Richtung
ab und kann, falls geeignete Übergangszeiten vorliegen, holografisch untersucht werden.

Um zu überprüfen, ob eine Ablösung zwischen Deckschicht und
Wabenkern zu einer meßbaren Störung des Kriechverhaltens
führen kann, wurden entsprechende Untersuchungen an der

gegebenen Waben-Testplatte vorgenommen. Die Platte wurde zu
diesem Zweck in horizontaler Lage an zwei gegenüber liegen-
den Randstreifen von ca. 2 cm Breite gestützt, so daß sich
der mittlere Teil frei durchbiegen konnte. Dann wurde die
Platte durch eine in der Mitte aufgelegte Masse von 2200 g
während einer Zeitdauer von 12 min belastet. Danach wurde die
Masse entfernt und ein Doppelbelichtungs-Interferogramm aufgenommen, wobei zwischen den beiden Belichtungen 5 min gewar-
tet wurde. Das hierbei erhaltene auf Abb. 8 dargestellte Er-
gebnis zeigt eine ausgeprägte Störung des Interferenzmusters.
Der Fehler ist deshalb sehr deutlich zu erkennen, wobei auch
genaue Aussagen über dessen Form und Größe möglich sind.

5.4 Objektverformung durch Druckbelastung

Die zur Anwendung des Doppelbelichtungs- oder Echtzeitver-
fahrens erforderlichen unterschiedlichen Objektzustände
können auch durch eine Druckänderung erhalten werden. Hierbei erzeugt man auf der einen Seite bzw. im Inneren des
Prüfkörpers einen Über- oder Unterdruck, der zu einer Objektverformung von einigen 10^{-3} mm führt. Materialfehler, die
unter der Druckbelastung eine andere Verformung als ihre feh-
lerfreie Umgebung zeigen, bewirken Anomalien im Verlauf der
Interferenzlinien, wodurch der Fehler sichtbar wird [19].

Auch bei dieser Methode der Objektverformung sind verschie-
dene Varianten möglich:

Oft ist es vorteilhaft, das Objekt durch einen gewissen Vordruck zu belasten und in diesem Zustand das erste Hologramm
aufzunehmen. Danach wird der Druck geändert und die zweite
Aufnahme vorgenommen. Man stellt dann vielfach eine Erhöhung
der Nachweisempfindlichkeit bei der Fehlerauflösung gegenüber den ohne Vordruck erhaltenen Ergebnissen fest.

Eine weitere Möglichkeit besteht darin, das Kriechverhalten
einer zunächst durch einen Über- oder Unterdruck geringfügig
verformten und dann wieder entlasteten Probe auszunutzen.

Zur praktischen Durchführung der Untersuchungen wurde an der
vorderen Seite der Sandwichplatte ein Metallrahmen mit einer
Glasscheibe luftdicht angepreßt, so daß in dem Zwischenraum
ein Über- oder Unterdruck aufgebaut werden konnte. Nach Vor-
versuchen zur Ermittlung der geeigneten Druckdifferenz wurden
die auf den Abbildungen 9 und 10 dargestellten Doppelbelich-
tungsinterferogramme erhalten. Hierbei wurde die erste Belichtung bei einem Überdruck von 0,002 bar bzw. 0,004 bar und
die zweite Belichtung in beiden Fällen bei Atmosphärendruck
vorgenommen.

Auf beiden Interferogrammen ist die Ablösung der Deckschicht
vom Wabenkern sehr deutlich zu erkennen. Größe und Form des
Fehlers können ebenfalls gut abgeschätzt werden. Außer der
starken Unregelmäßigkeit im Bereich der Ablösung fallen

noch einige kleinere Störungen der Interferenzfigur auf,
die bei den höheren Liniendichten auf Abb. 10 besonders
deutlich sichtbar werden. In diesen Bereichen wurden Fehler in der Farbschicht an der Oberfläche der Sandwichplatte
festgestellt. Es handelte sich hierbei um Risse, umgeben
von kleineren Bereichen schlechter Haftung der Farbschicht
an der Deckplatte. Diese Bereiche zeigten unter der Druckbelastung eine andere Verformung als ihre besser haftende
Umgebung und führten deshalb zu Störungen der Interferenzfigur. Aus dem Vergleich der Abbildungen 9 und 10 wird er-
sichtlich, welche Bedeutung der Interferenzliniendichte
beim Nachweis dieser kleineren Materialfehler zukommt.

5.5 Diskussion der Ergebnisse

Die unter 5.1 - 5.4 dargestellten Ergebnisse zeigen, daß die
holografische Prüfung von Waben-Sandwichplatten aufgrund der
verschiedenen Möglichkeiten zur Objektverformung in viel-
facher Weise erfolgen kann. Hierbei sind natürlich Unter-
schiede in der Nachweisempfindlichkeit sowie im erforderlichen apparativen und zeitlichen Aufwand gegeben, auf die
im folgenden näher eingegangen werden soll.

- Fehlernachweis:

a) Bei thermischer Objektverformung

Die Wärmezufuhr erfolgte einmal an der fehlerhaft verklebten,
der Objektwelle zugewandten vorderen Deckschicht (Verfahren
I) und dann von der Rückseite der Platte her (Verfahren II).
Bei beiden Verfahren konnte der Fehler eindeutig nachgewiesen
werden. Die Störung des Interferenzgrundmusters, d.h. die
beim Fehlernachweis erreichte Empfindlichkeit war allerdings
bei Verfahren I wesentlich größer als bei Verfahren II. Dies
gilt auch für die Genauigkeit, mit der die Form des abge-
lösten Deckschichtbereichs ermittelt werden konnte.

b) Bei Schwingungsanregung

Auch hierbei wurden zwei Verfahren erprobt: Die Anregung der
gesamten Platte zu Eigenschwingungen und die Anregung des
Fehlerbereichs allein. In beiden Fällen wurde die Ablösung
eindeutig festgestellt. Bei Schwingungen des Fehlerbereichs
allein war eine sehr genaue Bestimmung der Form der Ablösung
möglich, während bei Schwingungen der gesamten Platte kaum
Aussagen hierüber gemacht werden konnten.

c) Bei Ausnutzung des Kriechverhaltens

Der Fehler wurde bei diesem Verfahren deutlich sichtbar.
Seine Form war sehr genau zu erkennen.

d) Bei Objektverformung durch Druckbelastung

Die mit einer geringen Überdruckbelastung erhaltenen Ergebnisse führten zu einem sehr deutlichen Nachweis der Ablösung
und zu einer genauen Ermittlung ihrer Form. Ähnliche Ergebnisse sind auch bei einer geringen Unterdruckbelastung der
Testplatte zu erwarten.

- Apparativer und zeitlicher Aufwand bei der Durchführung der holografischen Prüfung:

Bei der Objektverformung durch Temperatur- oder Druckänderung
ist sowohl der apparative als auch der zeitliche Aufwand zur
Durchführung einer holografischen Prüfung sehr gering. Es ist
lediglich eine geringe Temperaturänderung, beispielsweise
durch Verwendung einer Infrarotlampe, die über eine elektrische Schaltuhr betrieben wird, vorzunehmen, oder der am Prüfobjekt angreifende Druck um einige mbar zu ändern. Die zweite
Belichtung der Hologrammplatte kann unmittelbar nach dieser
Änderung erfolgen, so daß die Aufnahme des Interferogramms in
weniger als einer Minute beendet ist.

Bei der Ausnutzung des Kriechverhaltens liegt ebenfalls ein
minimaler apparativer Aufwand vor. Die Wartezeit zwischen den
beiden Aufnahmen beträgt hier allerdings meist einige Minuten, da sonst zu geringe Interferenzliniendichten erhalten
werden.

Bei den Schwingungsexperimenten ist der apparative Aufwand
etwas größer, da hierfür ein Frequenzgenerator, ein Verstärker, ein Frequenzzähler und ein Schwingungserreger (Lautsprecher, elektromagnetischer oder piezoelektrischer
Schwingungsgeber) erforderlich sind. Wenn durch Vorversuche
die Eigenfrequenzen der gesamten Platte bekannt sind, kann
ein Zeitmittelungsinterferogramm in einigen Sekunden aufgenommen werden.

Der zeitliche Aufwand ist bei der Anregung des Fehlerbereichs
allein beträchtlich größer, da jeweils nur ein kleinerer Bereich des Prüfkörpers erfaßt wird. Außerdem müssen die von
der Fehlergröße und deren Entfernung von der Oberfläche abhängigen Eigenfrequenzen stets neu ermittelt werden.

- Auswahl der günstigsten Methode der Objektverformung:

Bei der praktischen Auswahl der günstigsten Methode der Objektverformung zur zerstörungsfreien holografischen Untersuchung von Verbundwerkstoffen spielt außer der Empfindlichkeit beim Fehlernachweis sowie dem apparativen und zeitlichen
Aufwand auch die Belastung des Prüfkörpers eine Rolle. Diese
Belastung ist bei der Ausnutzung des Kriechverhaltens am
größten und da außerdem noch ein relativ hoher zeitlicher
Aufwand hinzukommt, ist dieses Verfahren für die praktische

Anwendung kaum geeignet. Dies gilt auch für die Schwingungsanregung des gesamten Prüfkörpers, da der Fehlernachweis bei
diesem Verfahren nur mit einer geringen Genauigkeit möglich
ist.

Die Schwingungsanregung des Fehlerbereichs allein ist wegen
der hohen Genauigkeit, mit der die geometrische Form der Ablösung ermittelt werden kann, auch für die praktische Anwendung interessant. Aus Intensitätsgründen müssen allerdings
Verbundwerkstoffe geringer Materialstärke und oberflächen-
nahe Fehler vorliegen.

Die holografische Prüfung von Verbundwerkstoffen bei Änderung
der Objekttemperatur ist aufgrund des erforderlichen geringen
apparativen und zeitlichen Aufwands, der minimalen Objektbelastung sowie der erreichbaren Empfindlichkeit beim Fehlernachweis auch in praktischer Hinsicht von Interesse. Auch
hierbei sollte es sich allerdings um möglichst oberflächen-
nahe Fehler handeln. Außerdem sind Schwierigkeiten zu erwarten, wenn, wie beispielsweise bei Verbundwerkstoffen mit Me-
talldeckschichten und Metallwabenkernen, ein Temperatur-
gradient kaum aufgebaut werden kann. In diesem Fall ist die
Schwingungsanregung des Fehlerbereichs oder die Objektverformung durch Änderung der Druckbelastung meist günstiger.

Für die holografischen Interferogramme von Verbundwerkstoffen,
die durch eine Druckänderung verformt wurden, ist im allgemeinen eine hohe Empfindlichkeit und Genauigkeit beim Fehlernachweis charakteristisch. Vorteilhaft ist auch die im allgemeinen sehr geringe Objektbelastung. Auch hierbei ist aber
wieder, wie bei allen anderen Methoden, ein oberflächennaher
Fehler erforderlich, um Anomalien bei der Objektverformung
zu erhalten. Nachteilig gegenüber der thermischen Objektverformung wirken sich die etwas höheren Taktzeiten beim
Wechseln des Prüfkörpers und die Schwierigkeiten der Abdich-
tung bei der Untersuchung von Objekten mit einer welligen
Oberfläche aus.

Zusammenfassend kann festgestellt werden, daß - unter Berücksichtigung der genannten Einschränkungen - bei der holografischen Prüfung von Verbundwerkstoffen die Objektverformung
durch Druck- oder Temperaturänderung sowie die Schwingungsanregung des Fehlerbereichs auch für die industrielle Praxis
geeignet erscheinen. Bei der Auswahl eines dieser drei Verfahren sollte im Zweifelsfalle der Druckänderung der Vorzug
gegeben werden.

6. **Die Bestimmung von Materialinhomogenitäten mittels
    holografischer Schwingungsuntersuchungen**

Im vorherigen Abschnitt 5. wurde am Beispiel einer Waben-
Sandwichplatte gezeigt, daß die holografische Interferometrie ein empfindliches Verfahren zur zerstörungsfreien
Prüfung von Verbundwerkstoffen darstellt. Die Anwendung
dieses Verfahrens ist aber keineswegs auf diese Gruppe von

Werkstoffen beschränkt, sondern liefert auch bei kompakten
Metallbauteilen technisch interessante Ergebnisse [21]. Hierzu gehört die Ermittlung von Rissen [22,23,24] und Dehnungen
[25,26] im Bereich der Oberfläche sowie die Untersuchung der
Formtreue von Bauteilen [27] und ihres Schwingungsverhaltens
[5,6,7,9,10,28].

Im folgenden wird die Veränderung des Schwingungsverhaltens
von Metallplatten durch Materialinhomogenitäten, beispielsweise durch eine ungleichförmige Massenverteilung, näher behandelt. Hierbei wird versucht, die experimentellen Ergebnisse mit Hilfe der Theorie der Schwingungsmoden und deren
Mischung zu interpretieren.

6.1 Bemerkungen zum Schwingungsverhalten recht-
eckiger Platten

Das Schwingungsverhalten zweidimensionaler Kontinua ist
durch eine große Vielfalt möglicher Schwingungsformen gekennzeichnet, die von

- der Geometrie und den mechanischen Eigenschaften
  des Objekts

- der Art der Schwingungsanregung und der Objekt-
  einspannung sowie von eventuell vorhandenen

- Inhomogenitäten, Materialfehlern und Anisotropien

abhängen. Zur Beschreibung des besonders bei fehlerhaften
Objekten komplizierten Schwingungsverhaltens hat sich die
Theorie der Schwingungsmoden (Hauptschwingungen) als sehr
nützlich erwiesen, die für eindimensionale Strukturen von
Hurty und Rubenstein [29] behandelt und von Stetson und
Taylor [30] auf zweidimensionale Kontinua ausgedehnt wurde.

Die Schwingungsmoden einer am Rand eingespannten fehlerfreien rechteckigen Platte sind durch parallel zum Rand
verlaufende Knotenlinien gekennzeichnet. Zur Modenklassifizierung werden üblicherweise die Ordnungszahlen m und n
benutzt, die in dem Ausdruck für die Eigenfunktionen der
Schwingungsgleichung

$$\sin\frac{m\pi x}{a} \cdot \sin\frac{n\pi y}{b} \qquad\qquad \begin{array}{l} m = 1,\ 2,\ \ldots \\ n = 1,\ 2,\ \ldots \end{array} \qquad\qquad (24)$$

enthalten sind. In (24) bedeuten a und b die Seitenlängen
der nach den Koordinatenachsen x und y ausgerichteten
rechteckigen Platte. Unter einer (m,n)-Schwingung der
rechteckigen, vierseitig eingespannten Platte versteht man
dann eine Schwingungsform, bei der m Antiknoten (Schwingungs-

bäuche) in x-Richtung und n Antiknoten in y-Richtung vorliegen. (Teilweise wird die Modenklassifizierung auch nach
der Zahl der Knotenlinien in x- und y-Richtung vorgenommen,
wobei die Knotenlinien am Plattenrand nicht mitgezählt
werden [6]).

Bei einer quadratischen Platte werden durch (m,n) und (n,m)
für m $\neq$ n zwei unterschiedliche Schwingungsformen bei derselben Eigenfrequenz dargestellt, die durch Drehung der
Platte um 90° ineinander übergehen. Wird die Platte mit der
gemeinsamen Eigenfrequenz der Schwingungen (m,n) und (n,m)
angeregt, dann hängt die sich ausbildende Schwingungsform
u.a. vom Ort der Energiezuführung ab. Eine reine (m,n)-
Schwingung ist besonders dann zu erwarten, wenn die Anregung in einem Schwingungsknoten von (n,m) und in einem Antiknoten von (m,n) erfolgt. Wird die Anregung in einem Bereich
vorgenommen, in dem für beide Schwingungsformen (m,n) und
(n,m) ein Antiknoten vorliegt, können die beiden Schwingungsmoden gleichzeitig, eventuell mit unterschiedlichen Phasen
und Amplituden, angeregt werden. Dies gilt auch, wenn eine
Inhomogenität bzw. Anisotropie der Platte gegeben ist. Man
erhält dann eine Mischung zweier Schwingungsmoden, über die
bereits holografisch ermittelte experimentelle Ergebnisse
vorliegen [6,30,31].

Zur Interpretation experimentell erhaltener Schwingungsformen inhomogener Platten wurde ein Rechenprogramm erstellt,
mit dem Modenmischungen der Form

$$a_1(m_1,n_1) \pm a_2(m_2,n_2) \tag{25}$$

berechnet werden konnten. In Gl. (25) entsprechen die Vor-
zeichen + und - den Phasenunterschieden 0 und π zwischen den
beiden Schwingungsmoden (m_1,n_1) und (m_2,n_2) mit den Amplituden a_1 und a_2.

Für die ortsabhängige Auslenkung A(x,y) einer quadratischen
vierseitig eingespannten Platte der Seitenlänge l ergibt
sich aus (24) und (25):

$$A(x,y) = a_1 \sin\frac{m_1\pi x}{l}\sin\frac{n_1\pi y}{l} \pm a_2 \sin\frac{m_2\pi x}{l}\sin\frac{n_2\pi y}{l} \tag{26}$$

Zur Berechnung von A(x,y) nach Gl. (26) wurde die Platte in
ein Netz von Rasterpunkten unterteilt und für jeden dieser
Punkte überprüft, ob seine Auslenkung in einen der Werte-
bereiche

$$0,15n \pm 0,01 \qquad n = 1, 2, \ldots, 6 \tag{27}$$

fiel. Die hieraus resultierenden Höhenlinien ergaben eine
Darstellung der durch Modenmischung entstandenen Schwingungsformen, die zur Interpretation der experimentellen Ergebnisse
herangezogen werden konnte. Hierbei ist allerdings zu be-

rücksichtigen, daß aufgrund der Angaben unter 3.3 die experimentell erhaltenen Interferenzlinien nur näherungsweise Höhenlinien darstellen.

6.2 Experimentelle Ergebnisse und ihre Interpretation

Im folgenden sollen einige charakteristische experimentelle Ergebnisse dargestellt werden, die sich bei der holografischen Untersuchung des Schwingungsverhaltens vierseitig eingespannter quadratischer Metallplatten ergaben.

Die Experimente wurden an einer Leichtmetallplatte (Platte I) und an einer Eisenplatte (Platte II) mit den folgenden Abmessungen und Massen durchgeführt:

$$\text{Platte I:} \quad 200 \times 200 \times 2 \text{ mm}; \quad 260 \text{ g}$$
$$\text{Platte II:} \quad 200 \times 200 \times 1 \text{ mm}; \quad 312 \text{ g}$$

(In diesen Werten ist der eingespannte Rand nicht enthalten.)

Durch eine Zusatzmasse m_z = 21 g von 20 mm Durchmesser konnte die Homogenität der Massenverteilung gestört und der hieraus resultierende Einfluß auf das Schwingungsverhalten der Platte untersucht werden. Zur Festlegung der Position von m_z wird im folgenden ein Koordinatensystem benutzt, dessen Ursprung in der Mitte der Platte liegt und dessen Achsen parallel zum Plattenrand verlaufen.

Abb. 11 zeigt ein holografisches Zeitmittelungs-Interferogramm, das bei der Anregung der Platte I bei 1819 Hz erhalten wurde. Wie sich durch Vergleich mit der auf Abb. 12 dargestellten berechneten Schwingungsform ergibt, handelt es sich hierbei um eine Modenmischung des Typs

$$0,75 \ (3,1) + 0,25 \ (1,3)$$

Bringt man nun die Zusatzmasse m_z in dem Punkt (x=0, y=67mm) der Platte, d.h. am Rand des mittleren elliptischen Antiknotens an, dann ergibt sich bei derselben Frequenz lediglich eine geringe Verkleinerung dieses Antiknotens. Wird m_z dagegen im Punkt (x=67mm, y=0), d.h. in der Mitte des rechten Antiknotens befestigt, dann erhält man bei der Frequenz f = 1819 Hz ein Schwingungsbild, das aus dem auf Abb. 11 dargestellten durch Drehung um 90° hervorgeht. Hierbei handelt es sich um eine Modenmischung der Form 0,25 (3,1) + 0,75 (1,3), die sich aufgrund der Symmetrieeigenschaften der Ausgangsschwingung auch ergibt, wenn man m_z im Punkt (x=-67mm, y=0) anbringt.

Auf den Abb. 13 und 14 sind Schwingungsformen der Platte II bei 771 Hz wiedergegeben, wobei Abb. 13 ohne Zusatzmasse und Abb. 14 mit der Zusatzmasse m_z im Punkt $(x=0, y=0)$ erhalten wurden. Man erkennt eine deutliche Änderung der Schwingungsfigur, die mit Hilfe der Modenmischung auch quantitativ erfaßt werden kann. Die auf den Abb. 15 und 16 dargestellten Rechenergebnisse zeigen, daß die Schwingungsfigur von Abb. 13 näherungsweise einer Modenmischung vom Typ $0,75 \ (3,1) - 0,25 \ (1,3)$ entspricht, während die auf Abb. 14 wiedergegebene Schwingung als eine Modenmischung der Form $0,50 \ (3,1) - 0,50 \ (1,3)$ aufzufassen ist.

Weitere Experimente wurden bei höheren Frequenzen, d.h. bei komplizierteren Schwingungsformen durchgeführt. Hierbei ergaben sich teilweise sehr starke Änderungen des Schwingungsverhaltens, die bisher nicht berechnet werden konnten.

6.3 Folgerungen aus den experimentellen Ergebnissen

Die experimentellen Ergebnisse zeigen, daß die holografische Interferometrie sehr gut geeignet ist, um Änderungen des Schwingungsverhaltens von Bauteilen aufgrund von Materialinhomogenitäten zu erfassen. Hierbei wirkt sich sehr vorteilhaft aus, daß die Holografie ein umfassendes Bild der gesamten Schwingungsfigur liefert, wobei nicht nur die genaue Lage der Knotenlinien, sondern auch die Amplitudenverteilung in den Antiknoten festgehalten wird. Bei der Interpretation der Ergebnisse sind allerdings einige Besonderheiten zu beachten: Eine Inhomogenität der Massenverteilung kann ganz unterschiedliche Änderungen einer Schwingungsfigur bewirken, je nachdem ob an ihrem Ort ein Antiknoten oder eine Knotenlinie vorliegt. Außerdem erschweren die Symmetrieeigenschaften der Schwingungsform häufig eine eindeutige Interpretation der festgestellten Änderung.

Trotz der aufgeführten Einschränkungen bleibt das Verfahren auch in technischer Hinsicht interessant, da das Schwingungsverhalten eines Gegenstandes mit der Genauigkeit der optischen Interferometrie erfaßt und mit dem eines fehlerfreien Musters verglichen werden kann. Außerdem ist die Optimierung des Schwingungsverhaltens von Bauteilen möglich, wobei der Einfluß von Änderungen genau verfolgt werden kann.

7. Zusammenfassung

In der vorliegenden Arbeit wurden zunächst die wichtigsten theoretischen Grundlagen der Holografie und der holografischen Interferometrie behandelt. Nach der Darstellung des Prinzips und der charakteristischen Eigenschaften der wichtigsten holografischen Verfahren erfolgte eine Beschreibung des Holografieaufbaus und die Angabe experimenteller Einzelheiten.

Der erste Teil der Experimente betraf die holografische
zerstörungsfreie Prüfung von Verbundwerkstoffen. Interferogramme einer durch Temperatur- oder Druckänderung, Schwingungsanregung oder ihre Kriecheigenschaften verformten
Waben-Sandwichplatte zeigten, daß die Empfindlichkeit beim
holografischen Fehlernachweis beträchtlich von der Art der
Objektverformung abhängen kann. Unter Berücksichtigung
dieser Ergebnisse sowie des jeweiligen apparativen und
zeitlichen Aufwands wurde die Eignung dieser Methoden der
Objektverformung für die holografische Prüfung von Verbundwerkstoffen diskutiert.

Der zweite Teil der Experimente behandelte die Bestimmung
von Materialinhomogenitäten mittels holografischer Schwingungsuntersuchungen. Nach einer kurzen Darstellung des
Schwingungsverhaltens rechteckiger vierseitig eingespannter
Metallplatten wurde auf die Möglichkeit einer Mischung von
Schwingungsmoden eingegangen. Der Vergleich gemessener und
berechneter Schwingungsformen zeigte, daß häufig eine
Modenmischung vorliegt, die zur quantitativen Beschreibung
des Schwingungsverhaltens inhomogener Platten herangezogen
werden kann.

Abschließend ist festzustellen, daß die holografische
Interferometrie aufgrund ihrer Genauigkeit und der im
allgemeinen sehr geringen Belastung des Prüfobjektes ein
wichtiges Verfahren zur zerstörungsfreien Werkstoffprüfung
darstellt. Zur vollständigen Ermittlung der Möglichkeiten
und Grenzen dieses Verfahrens sind allerdings weitere
systematische Untersuchungen erforderlich.

Literatur

[1] Gabor, D.: A New Microscopic Principle, Nature <u>161</u> (1948), 777 - 778.

[2] Proc. Symp. Eng. Uses of Holography, Cambridge University Press, London and New York (1968).

[3] Viénot, J.C. et al.: Applications of Holography, Proc. Int. Symp. of Holography, Besancon (1970).

[4] Barrekette, E.S. et al.: Applications of Holography, Plenum Press, New York and London (1971).

[5] Proc. Symp. Eng. Appl. of Holography SPIE, Redondo Beach, California (1972).

[6] Erf, R.K.: Holographic Nondestructive Testing, Academic Press, New York and London (1974).

[7] Bjelkhagen, H.: Holographic time-average vibration study of a structure dynamic model of an airplane fin, Opt. Laser Technol. <u>6</u> (1974), 117 - 123.

[8] Grant, R.M. und G.M. Brown: Holographic Nondestructive Testing (HNDT), Materials Evaluation <u>27</u> (1969), 79 - 84.

[9] Felske, A. und A. Happe: Schwingungsuntersuchungen an Karosserien und Aggregaten mit Hilfe der holografischen Interferometrie, Automobiltechnische Zeitschrift <u>3</u> (1973), 2 - 8.

[10] Wolf, H. und G. Schönebeck: Holographie im Turbinen- und Generatorenbau, Brennstoff-Wärme-Kraft <u>25</u> (1973), 84 - 88.

[11] Kiemle, H. und D. Röss: Einführung in die Technik der Holographie, Akademische Verlagsgesellschaft, Frankfurt/M. (1969).

[12] Hildebrand, B.P.: General Theory of Holography, J. Opt. Soc. Am. <u>60</u> (1970), 1511 - 1517.

[13] Collier, R.J., C.B. Burckhardt und L.H. Lin: Optical Holography, Academic Press, New York and London (1971).

[14] Leith, E.N. und J.Upatnieks: Reconstructed Wavefronts and Communication Theory, J. Opt. Soc. Am. <u>52</u> (1962), 1123 - 1130.

[15] Brown, G.M., R.M. Grant und G.W. Stroke: Theory of Holographic Interferometry, J. Acoust. Soc. Am. <u>45</u> (1969), 1166 - 1179.

[16] Kreitlow, H.: Untersuchung quantitativer Zusammenhänge in der holografischen Interferometrie insbesondere im Hinblick auf eine Auswertung holografischer Inter- ferenzmuster, Diss. Hannover (1976).

[17] Sollid, J.E. und J.B.Swint: A Determination of the Optimum Beam Ratio to Produce Maximum Contrast Photographic Reconstructions from Double-Exposure Holographic Interferograms, Appl. Opt. 9 (1970), 2717 - 2719.

[18] Dowley, M.W.: Single Frequency Operation of Ion Lasers, Coherent Radiation Technical Bulletin Nr. 106 (1971).

[19] Buhmann, K.P., H.A. Stelling und T. Winkler: Zerstörungsfreie Prüfverfahren für Verbundwerkstoffe, Kunststoffe 64 (1974), 750 - 760.

[20] Heitz, E.: Einsatzbeispiele der Verbundtechnik, Kunststofftechnik 12 (1973), 180 - 184.

[21] Abramson, N.H. und H. Bjelkhagen: Industrial Holographic Measurements, Appl. Opt. 12 (1973), 2792 - 2796.

[22] Vest, Ch.M., E.L.Mc Kague und A.A. Friesem: Holographic Detection of Microcracks, J. of Basic Eng. (1971), 237 - 241.

[23] Dudderar, T.D. und R. O'Regan: Holographic Interferometry in Materials Research and Fracture Mechanics, Int. J. Nondestructive Testing 4 (1972), 119 - 147.

[24] Vest, Ch.M.: Holographic Interferometry in Material Testing, Int. J. Nondestructive Testing 3 (1972), 351 - 374.

[25] Ennos, A.E.: Measurement of In-Plane Surface Strain by Hologram Interferometry, J. Phys. E, Scientific Instrum. 1 (1968), 731 - 734.

[26] Sciammarella, C.A. und J.A. Gilbert: Strain Analysis of a Disk Subjected to Diametral Compression by Means of Holographic Interferometry, Appl. Opt. 8 (1973), 1951 - 1956.

[27] Archbold, E., J.M. Burch und A.E. Ennos: The Application of Holography to the Comparison of Cylinder Bores, J. Sci. Instrum. 44 (1967), 489 - 494.

[28] Kreitlow, H. und W. Jüptner: Fehlererkennung in festen Materialien mit Hilfe der holografischen Schwingungsanalyse, (ATM) Archiv für technisches Messen, Blatt V 91199-1 (1973), 25 - 28.

[29] Hurty, W.C. und M.F. Rubenstein: Dynamics of Structures, Englewood Cliffs, Prentice Hall New York, Vol. 8 (1964).

[30] Stetson, K.A. und P.A. Taylor: The Use of Normal Mode Theory in Holographic Vibration Analysis with Application to an Asymmetrical Circular Disk,

J. Phys. E, Sci. Instrum. $\underline{4}$ (1971), 1009 - 1015.

[31] Molin, N.E. und K.A. Stetson: Measuring Combination
     Mode Vibration Patterns by Hologram Interferometry,
     J. Phys. E, Sci. Instrum. $\underline{2}$ (1969), 609 - 612.

<u>Bildanhang</u>

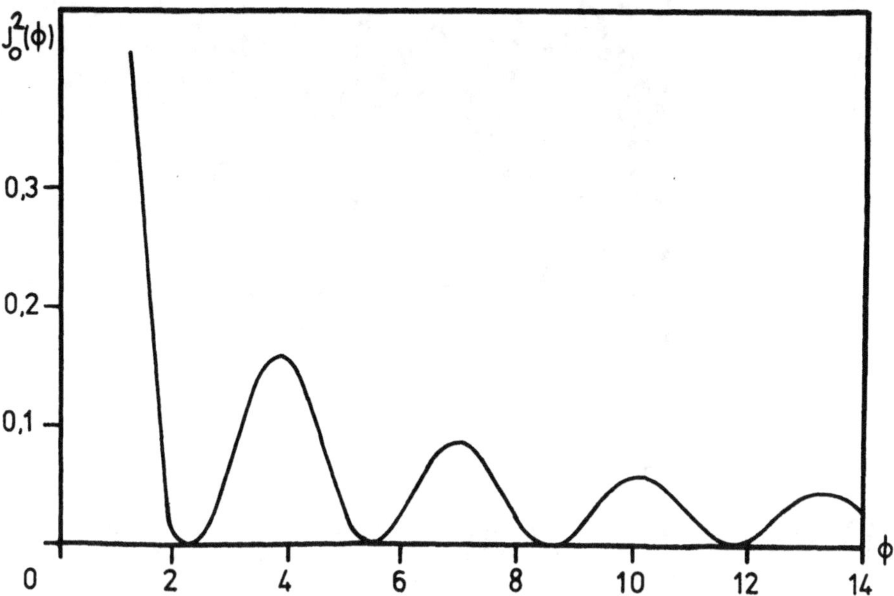

Abb. 1: Die charakteristische Funktion des holografischen Zeit-
mittelungsverfahrens $J_o^2(\phi)$

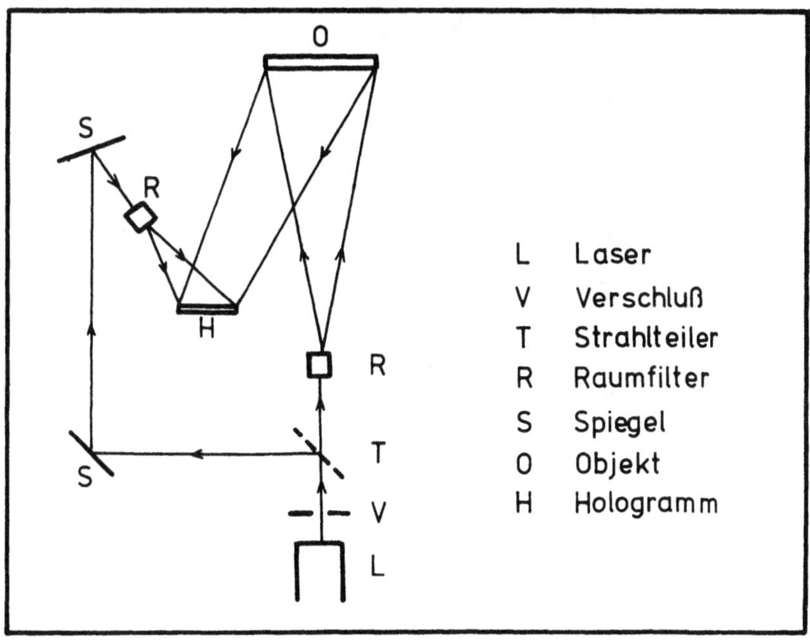

Abb. 2: Der holografische Versuchsaufbau

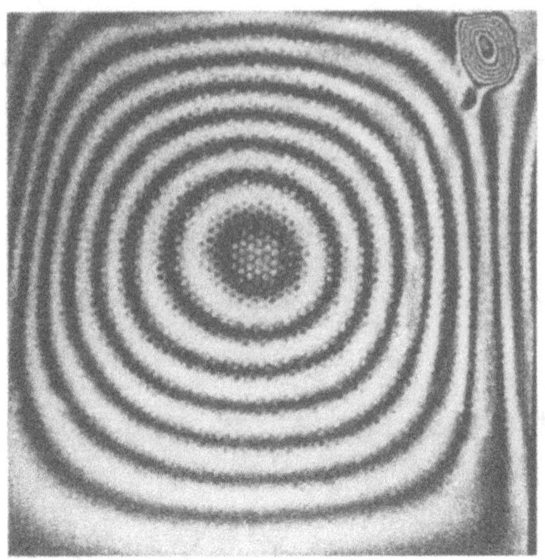

Abb. 3: Doppelbelichtungs-Interferogramm einer Waben-Sandwichplatte mit einem Klebefehler zwischen dem Waben-kern und der vorderen Deckplatte. Die Objektverformung erfolgte durch Erwärmung der vorderen Deckplatte.

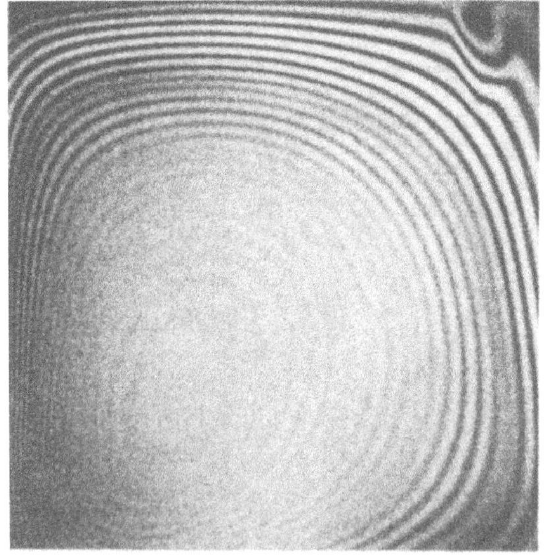

Abb. 4: Doppelbelichtungs-Interferogramm bei Erwärmung der Testplatte von der Rückseite her.

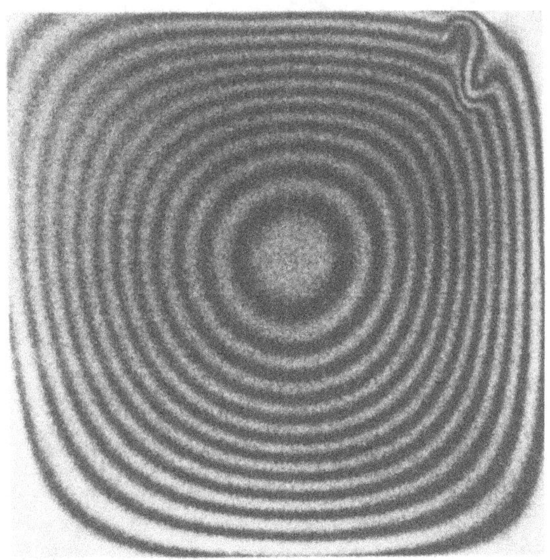

Abb. 5: Zeitmittelungs-Interferogramm der zu ihrer Grundschwingung bei 810 Hz angeregten Testplatte.

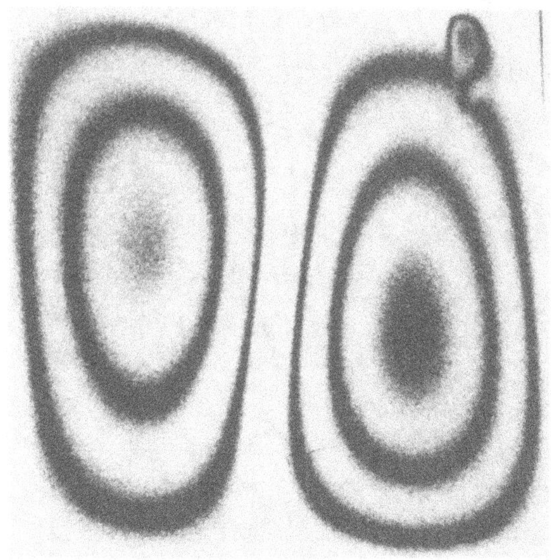

Abb. 6: Zeitmittelungs-Interferogramm der zu einer gestörten (2,1)-Schwingung bei 2110 Hz angeregten Testplatte.

Abb. 7: Zeitmittelungs-Interferogramm der Testplatte bei Anregung des Fehlerbereichs zu Schwingungen bei 19500 Hz.

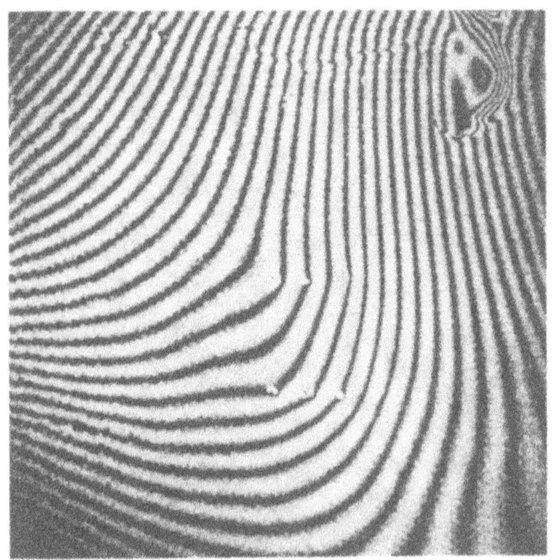

Abb. 8: Doppelbelichtungs-Interferogramm der Testplatte bei Ausnutzung ihres Kriechverhaltens.

<u>Abb. 9:</u> Doppelbelichtungs-Interferogramm bei Verformung
der Testplatte durch eine Überdruckbelastung. Erste Aufnahme bei einem Überdruck von 2 mbar, zweite Aufnahme bei
Atmosphärendruck.

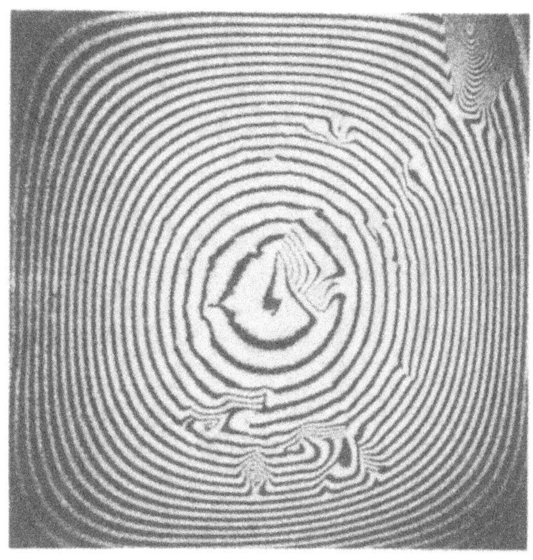

<u>Abb. 10:</u> Doppelbelichtungs-Interferogramm bei Verformung
der Testplatte durch eine Überdruckbelastung. Erste Aufnahme bei einem Überdruck von 4 mbar, zweite Aufnahme bei
Atmosphärendruck.

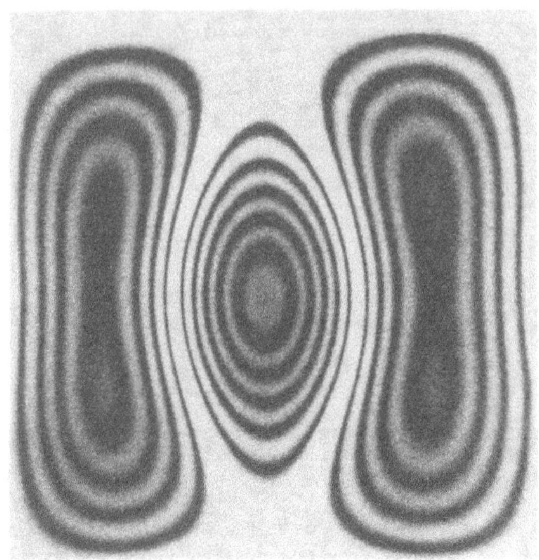

Abb. 11: Zeitmittelungs-Interferogramm einer zu Schwingungen bei 1819 Hz angeregten vierseitig eingespannten
quadratischen Leichtmetallplatte.

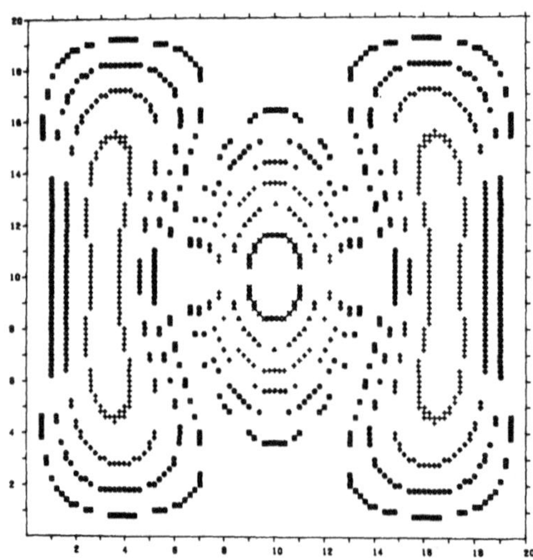

Abb. 12: Berechnete Höhenlinien einer in der Modenmischung 0,75(3,1) + 0,25(1,3) schwingenden vierseitig
eingespannten quadratischen Platte.

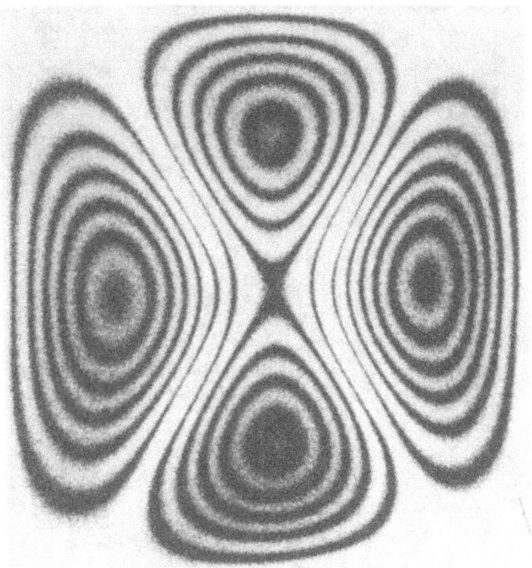

Abb. 13: Zeitmittelungs-Interferogramm einer zu Schwingungen bei 771 Hz angeregten vierseitig eingespannten quadratischen Eisenplatte.

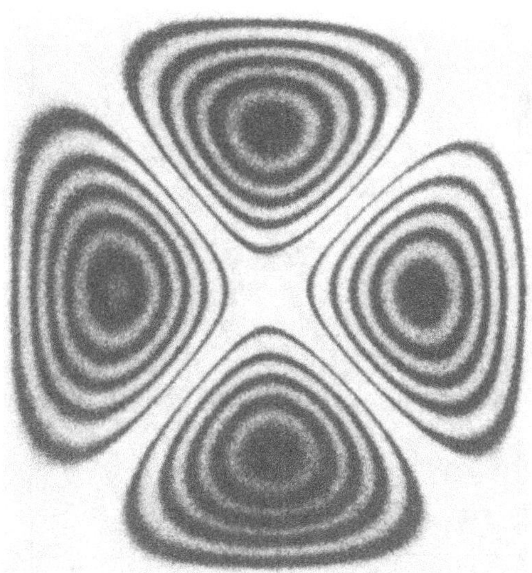

Abb. 14: Zeitmittelungs-Interferogramm der vorherigen Platte nach Anbringen einer Zusatzmasse von 21 g in der Plattenmitte.

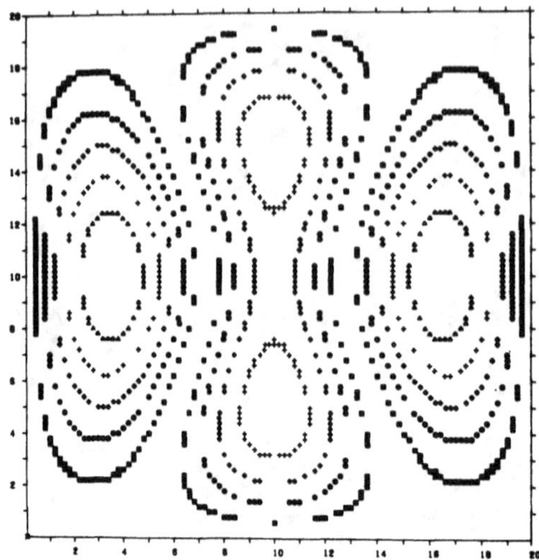

Abb. 15: Berechnete Höhenlinien einer in der Modenmischung 0,75(3,1) - 0,25(1,3) schwingenden vierseitig
eingespannten quadratischen Platte.

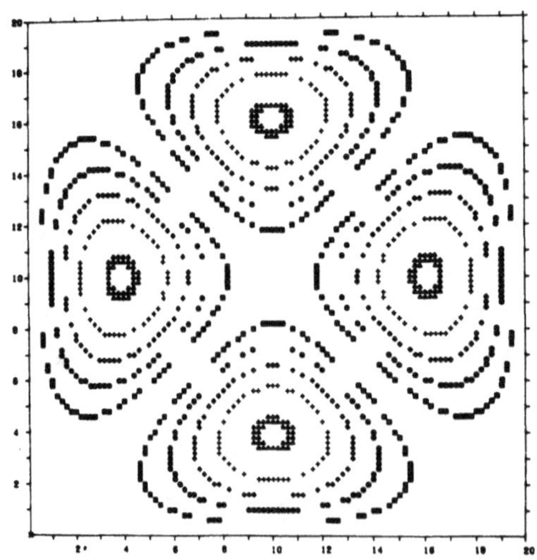

Abb. 16: Berechnete Höhenlinien einer in der Modenmischung 0,50(3,1) - 0,50(1,3) schwingenden vierseitig
eingespannten quadratischen Platte.

GPSR Compliance
The European Union's (EU) General Product Safety Regulation (GPSR) is a set
of rules that requires consumer products to be safe and our obligations to
ensure this.

If you have any concerns about our products, you can contact us on

ProductSafety@springernature.com

In case Publisher is established outside the EU, the EU authorized
representative is:

Springer Nature Customer Service Center GmbH
Europaplatz 3
69115 Heidelberg, Germany